CHEMISCHE ELEMENTEN
Het periodiek systeem

De bijna oneindige voorwerpen en materialen om ons heen eigenlijk samengesteld uit een beperkt aantal chemische elementen . We weten vandaag dat 91 bestaan van nature op aarde . Ze beginnen met waterstof die werd opgericht kort na het heelal ontstond . De overige 90 werden gemaakt , hetzij door nucleaire reacties die plaatsvinden in de kern van brandende sterren of door de katastrofisch explosies genaamd supernova's die soms worden geproduceerd wanneer de sterren sterven . Verscheidene meer elementen kunstmatig in laboratoria .

Elk element gedraagt zich anders en heeft andere eigenschappen van alle anderen . Een organisatie van informatie over de chemische eigenschappen van de elementen en chemische verbindingen vormen zij essentieel . De moderne periodiek systeem is voornamelijk gebaseerd op het werk van de Russische chemicus Dmitri Mendelejev wiens tafel verschenen in 1869 plaatste de elementen in de horizontale rijen op basis van hun gewicht met een rij onder elkaar zodat alle elementen met gelijkaardige eigenschappen viel in verticale kolommen . In de 20e eeuw met de kennis die is opgedaan over de structuur van het atoom , de juiste manier van het bestellen van de elementen werd ontdekt en de huidige periodiek systeem werd geformuleerd .

Atomen bestaan uit protonen , neutronen en elektronen zijn basiscomponenten van de elementen . Engels natuurkundige Henry Moseley aangetoond dat wat bepaalt het gedrag van elk element is het atoomnummer , het aantal protonen in de kern , niet het atoomgewicht die een maat is van het totale aantal protonen en neutronen in de kern . De juiste manier van bestellen van de elementen in het periodiek systeem was dan ook door hun atoomnummer . Hoewel de atomen van een bepaald element hebben hetzelfde aantal protonen kunnen ze verschillend aantal neutronen . Deze isotopen worden genoemd en hun bestaan verklaart waarom atoomgewicht een onbetrouwbare indicatie van de positie van een element in het periodiek systeem .

De elementen zijn gerangschikt in volgorde van hun atoomnummer in rijen genoemd periodes . Verplaatsen van links naar rechts over een periode , is er de overgang van elementen die metalen voor diegenen die niet-metalen zijn . De verticale kolommen van het periodiek systeem worden groepen genoemd . Alle elementen binnen een groep vergelijkbare chemische eigenschappen en worden soms aangeduid als families elementen .

WAAROM elementen binnen een consortium hebben vergelijkbare chemische GEDRAG

Het atoomnummer bepaalt hoeveel negatief geladen elektronen in de atomen van een bepaald element en is de structuur van de elektronen die rond de kern die bepalen hoe elementen met elkaar reageren . Deze verdeling van elektronen in de valentie of buiten , schil van het atoom worden blootgesteld aan andere atomen wanneer ze reageren . Elementen waarvan de valentie schelpen zijn helemaal vol zijn uiterst stabiel en lijken te reageren met bijna niets anders. Met onvolledige schelpen neigen te reageren met andere atomen zodanig dat deze schelpen voltooien . Atomen met soortgelijke valence - shell configuratie hebben vergelijkbare chemische eigenschappen . Elementen in dezelfde groep van het periodiek systeem hetzelfde aantal valentie-elektronen .

De periodieke tabel, dan is een kaart van de manier waarop elektronen rangschikken zichzelf in de atomen van een bepaald element . De mogelijkheid om het chemisch gedrag van een element op basis van de rij en kolom te voorspellen waar het is gevonden maakt het periodiek systeem een waardevol naslagwerk voor de beoefenaars van de wetenschap.

HYDROGEN
Atomic nummer : 1
Chemische Symbool: H
Groep: 1A

Waterstof uit niets meer dan een proton , die dient als kern , omringd door een enkel elektron . De eenvoud helpt te verklaren waarom het veruit de meest voorkomende element , die samen 93 % van alle atomen in het heelal . Waterstof is een gas dat geen geur of smaak heeft , is volledig kleurloos - en uiterst flammable.The combinatie van waterstof met zuurstof produceert de meest voorkomende verbinding, water.Hydrogen is ook opgenomen in organische verbindingen , biologische verbindingen aanwezig in levende organismen , in parfums , kleurstoffen , bestrijdingsmiddelen , DNA en eiwitten ! De lijst gaat maar door !

HELIUM
Atomic nummer : 2
Chemische Symbool: Hij
Groep VIII A - De edelgassen

Net als alle andere edelgassen , helium is kleurloos en odourless.Together waterstof en helium vormen een verbazingwekkende 99,9% van de elementen in het heelal . De naam komt van het Griekse ' Helios ', wat betekent de 'zon' . Helium van de zon door de fusie van waterstof . Deze reactie levert de energie die de zon uitstraalt in de ruimte . Helium heeft een lage dichtheid en is daarom nuttig in zeppelins en speelgoed ballonnen voor zijn drijfvermogen in air.Astrnomers gebruik maken van de extreem koude vloeistof uit van helium tot thermische ruis waardoor het makkelijker en betrouwbaarder gegevens van verre sterrenstelsels te ontvangen verwijderen.

LITHIUM
Atomic nummer : 3
Chemische Symbool: Li
Groep IA - ALKALICHLORATEN

De metalen lithium is zeer reactief en gecombineerd met aluminium om een lage dichtheid , structureel sterk legering gebruikt in vliegtuigen en ruimteschepen te vormen . Het wordt ook gebruikt als een positieve terminal of anode kleine batterijen gebruikt in camera's , pacemakers en rekenmachines . Lithium hydroxide is een zeer efficiënte lucht - zuiveraar. Het absorbeert CO_2 uit de lucht lithiumcarbonaat te vormen . Lithium heeft de hoogste warmtecapaciteit van elk element . Deze eigenschap maakt het ideaal warmteoverdracht materiaal en wordt gebruikt in experimentele kernreactoren om de warmte geproduceerd door de splijting van uranium absorberen .
In de geneeskunde lithium -carbonaat en lithiumcitraat staan bekend als zeer effectief stemmingsstabilisatoren in manisch-depressieve stoornis .

BERYLLIUM
Atomic nummer : 4
Chemische Symbool: Be
Groep IIA - aardalkalimetalen

In zijn zuivere vorm , Beryllium is een lichte, vrij hard , grijs - wit metaal . Zoals alle metalen die deel uitmaken van de alkalische aarde groep , het is veel te chemisch reactief te vinden in de vrije staat . Ertslagen beryllium zijn verdeeld over Brazilië , Argentinië en de VS . Kristallen van beryllium staan bekend om hun prachtige uitstraling . Zowel smaragd en aquamarijn zijn natuurlijk voorkomende kostbare vormen van dit mineraal . Beryllium speelde een belangrijke rol in de ontdekking van het neutron in 1932 en blijft nuttig om de onderzoeken over atoomkernen .

BOOR
Atomic aantal: 5
Chemische Symbool: B
Groep III A

Boor is een harde , brosse , niet-metalen element . Het is meestal gebonden met zuurstof , water en natrium in een samenstelling genoemd borax die wordt gebruikt als schoonmaakmiddel en water softener . Wanneer water wordt onthard , magnesium en calcium vervangen relatief onschadelijke natrium en kalium . Een andere boorverbinding is boorzuur aced industrieel gebruikt om Pyrex , een speciaal hittebestendig glas dat wordt gebruikt in keukens te maken. Boron ' staven ' zijn cruciaal in het gebruik van nucleaire reactoren . Ze kunnen worden neergelaten in een reactor neutronen waardoor de stroom die door de reactor beheersen absorberen .

CARBON
Atomic nummer : 6
Chemisch symbool : C
Groep IV A

Koolstof vertegenwoordigt slechts 0,09 % van de aardkorst door de massa , maar het is het element dat het meest essentieel voor het leven op onze planeet . Carbon dankt zijn centrale positie in de organische wereld om het vermogen van de atomen een verbinding met andere koolstofatomen lange ketens die recht of vertakt vormen . Een dergelijke lange keten molecuul in het DNA in het genetische materiaal van alle levende wezens . Elementen kunnen bestaan in verschillende natuurlijke vormen genaamd allotropen . Koolstof wordt gevonden in de allotropische vormen van grafiet , kool en meest spectaculaire diamant .

STIKSTOF
Atomic nummer : 7
Chemisch symbool : N
Groep V A

Stikstof mist elke zin stimulatie pand en we zijn voortdurend inademen van grote hoeveelheden als we inademen lucht. Het domineert de gassen in de atmosfeer van de aarde die samen ongeveer 78 % van het volume . Stikstof vormen honderden duizenden verbindingen die cruciaal zijn voor landbouw en industrie de belangrijkste zijn ammoniak . In zijn gasvormige stikstof wordt vaak gebruikt in situaties waarbij het belangrijk is om andere , meer reactieve atmosferische gassen weg te houden . Bijvoorbeeld , om de oxidatie van wijn voorkomen wijnflessen zijn vaak gevuld met stikstof na de kurk wordt verwijderd .

OXYGEN
Atoomnummer 8
Chemisch symbool : O
Groep VI A

Zuurstof aanwezig in de atmosfeer in het water , en in de aardkorst in een enorme verscheidenheid aan gesteenten en mineralen . Het is essentieel voor het leven en een deel van elk biologisch molecuul in ons lichaam . Hoewel veel natuurlijke processen verbruiken zuurstof , wordt voortdurend aangevuld door fotosynthese in dus voortdurend verbruikt en voortdurend geproduceerd planten. De Engels chemicus Joseph Priestley wordt gecrediteerd met de ontdekking van zuurstof . Hij verwarmd een oxide van kwik en merkte op dat het gas gaf van de kaars te branden met een opmerkelijk briljante vlam veroorzaakt . Het gas was zuurstof !

FLUOR
Atomic nummer : 9
Chemisch symbool : F

Groep VII A - halogenen
Fluor is het kleinste , lichtste en meest reactieve halogeen. Alle atomen in deze groep gemakkelijk combineren met metalen zouten . In vele delen van de wereld natrium

fluoride openbare watervoorziening . Onderzoek heeft aangetoond dat kleine hoeveelheden fluor ontwikkeling holten kunnen vertragen in tanden . In aanwezigheid van waterstof , fluor brandt met explosieve kracht met waterstoffluoride die bij oplossing in water vormen fluorwaterstofzuur . Het is uiterst gevaarlijk. Wordt echter gebruikt om glas te lossen en wordt gebruikt om het ontwerp op glas etsen voorwerpen .

NEON
Atomic nummer : 10
Chemisch symbool : Ne
Groep VIII A - de edelgassen

Neon zoals alle edelgassen is monoatomaire . De vertrouwde neonreclames in storefront en restaurant ramen bevatten neon gas dat oplicht wanneer het wordt geactiveerd door een elektrische ontlading . Wanneer dit gebeurt , neon atomen in het gas afgeven straling in de vorm van een oranje - rood licht . Verschillende gassen worden gebruikt om signalen van verschillende colurs produceren . Elk gas wanneer opgewekt straalt zijn eigen karakteristieke kleur. Commerciële neon wordt geproduceerd in de lucht - vloeibaarmakingsinstallaties . Omdat neon heeft een kookpunt van -229 graden Celsius , blijft als residu na de vluchtiger stikstof en zuurstof hebben afgekookt !

SODIUM
Atoomnummer 11
Chemisch symbool : Na
Groep IA - The Alkali Metals

Natrium is een zeer reactief heldere zilverkleurige metalen licht genoeg om te drijven op het water en zacht genoeg met mes te snijden . Het is een onderdeel van vele belangrijke verbindingen die zijn gevonden wijd verspreid over de wereld . Natriumchloride , de chemische naam voor keukenzout wordt gedolven in grote hoeveelheden uit natuurlijke zoutlagen . Natriumbicarbonaat algemeen bekend als zuiveringszout wordt gebruikt om gebak te laten rijzen bij verhitting of gebak rijzen wanneer gebakken . Het wordt ook gebruikt om overmatig maagzuur te neutraliseren en als een agent in brandblussers .

MAGNESIUM
Atoom Nummer : 12
Chemisch symbool : Mg
Groep II A - De aardalkalimetalen

Magnesium is aanwezig in zulke grote hoeveelheden in het zeewater dat de oceanen bevatten een bijna onbeperkt aanbod van het opgeloste materiaal. Het grote voordeel is dat het zeer licht dat ook maakt het ideaal voor het vervaardigen van auto-en vliegtuigonderdelen , elektrisch gereedschap , grasmaaier behuizingen en racefietsen . Magnesium is ook belangrijk voor een goede voeding in mensen omdat het essentieel is voor goede werking van verschillende enzymen . Het speelt ook een cruciale rol in de make - up van de groene chlorofyl aanwezig in alle groene plantencellen .

ALUMINIUM
Atoomnummer 13
Chemisch symbool : Al
Groep III A

Gewoonlijk in de natuur in combinatie met zuurstof , aluminium het meest voorkomende metaal in de aardkorst . Het is lichtgewicht en goede geleider van elektriciteit , twee eigenschappen die het een ideaal ingrediënt voor een breed scala aan producten te maken . Het is een uitstekende reflector straling en wordt gebruikt voor verschillende soorten antennes , warmte reflectoren en zonne spiegels . Naast deze andere eigenschappen , aluminium is vrij reactief . Het vormt een oxidelaag heeft waardoor verdere reacties met de omgeving, zodat het meestal beschouwd corrosiebestendig . Aluminium is ook niet giftig , geurloos en smaakloos .

SILICON
Atoomnummer 14
Chemische Symbool: Si
Groep IV A

Siliciumverbindingen chemisch gebonden aan zuurstof vormen het merendeel van de aarde zand , rotsen en bodem. Vandaag silicium vormt de basis van de micro-elektronica -industrie. Het gebruik van silicium chips in gedrukte schakelingen heeft het mogelijk gemaakt de krimpende ruimte sized computers in degenen die kunnen rusten op je schoot . De belangrijkste silicium verbinding silica die bestaat in twee vormen - kwarts en vuursteen . Kleine edelstenen en halfedelstenen zijn kristallen van kwarts met gekleurde onzuiverheden . Silica wordt gebruikt bij de productie van glas . Keramiek en siliconen zijn andere belangrijke klassen van verbindingen op basis van silicium.

PHOSPHORUS
Atoomnummer 15
Chemisch symbool : P
groep VA

Fosfor werd ontdekt door arts Hennig Brand in 1669 . Hij gedistilleerd het residu van ingekookt urine en verkregen iets dat gloeide in het donker en barstte in vlammen in warme lucht . Fosfor en lichtemissie zijn nog steeds verbonden aan het fenomeen dat bekend staat als fosforescentie . Zinksulfide is het fosforescerende materiaal dat geeft af scintillaties van licht bij aanrijding door snel bewegende elektronen . Dit effect op de coating van de televisie buis produceert het tv-beeld . Bijna alle fosfor commercieel gebruikt is om fosforzuur te maken. De belangrijkste toepassing is de productie van meststoffen bodem zonder fosfor onvruchtbaar . Vaak gevonden in twee vormen namelijk rood en geel, de eerste wordt gebruikt om lucifers te maken.

SULPHUR
Atoomnummer 16
Chemisch symbool : S
Groep VI A

Zwavel een reactieve niet - metaal in de natuur gevonden , zowel in vrije elementaire toestand en in de vorm van verspreide ertsen en mineralen . Enkele veel voorkomende mineralen van Sulphur zijn gips dwz calciumsulfaat en pyriet vaak bekend als de ' fool's gold' . Naast hun belang maken kunstmest , conserveren van voedsel , bleken en reinigen van textiel metalen , zwavel verbindingen honderden andere toepassingen in het terugwinnen van metalen uit ertsen , waardoor rubber , detergenten , verven en kleurstoffen en synthetische vezels . Inderdaad een natie niveau van industriële ontwikkeling wordt bepaald door de consumptie per hoofd van Sulphur .

CHLOOR
Atoomnummer : 17
Chemisch symbool : Cl
Groep VII A - halogenen

Chloor is een giftige geelgroen atomig gas. Het inademen van zelfs een kleine hoeveelheid kan ernstige longschade veroorzaken . De toxiciteit van chloor maakt het een uitstekend ontsmettingsmiddel voor zwembaden en watervoorziening . Een belangrijke verbinding van chloor waterstof chloride , een gas dat oplost in water om zoutzuur te produceren . Zoutzuur is aanwezig in het maagsap van de maag waar het nodig is om eiwitten activeren enzymen . Grote hoeveelheden chloor zijn gebruikt om insecticiden produceren . Velen zijn onlangs verboden omdat ze als milieu verontreinigende stoffen worden beschouwd .

ARGON
Atoomnummer 18
Chemisch symbool : Ar
Groep VIII A - de edelgassen

In 1894 , argon werd de eerste edelgas om ontdekt te worden . De commerciële toepassingen maken gebruik van het gebrek aan reactiviteit . Argon is het verval product van een belangrijke radio - isotoop gebruikt voor datering gesteentemonsters , wordt kalium - 40.The techniek genaamd kalium - argon dating. Kalium heeft een ongewoon lange halfwaardetijd van 1,25 miljard jaar en is aanwezig in vele rotsen is .

Wanneer kalium 40 vergaat , het zich transformeert in argon . Bijgevolg kan men de leeftijd van een rots te bepalen door te bepalen hoeveel argon aanwezig is . De oudste rotsen op aarde zijn bepaald door deze methode als 3,8 miljard jaar oud .

POTASSIUM
Atoomnummer 19
Chemische Symbool: K
Groep IA The Alkali Metals

Kalium is zeer reactief dus is nooit gevonden in zijn vrije toestand in de natuur. Het wordt gevonden in zeewater , maar in kleinere hoeveelheden dan natrium , de chemische equivalent. Kalium is essentieel voor plantengroei zoveel kalium in opgeloste mineralen wordt opgenomen door planten alvorens de zee . Een van nature voorkomende isotoop van kalium potssium - 40.Human lichaam bevat 140 gram kalium . Sinds de overvloed van kalium - 40 is 0.012 procent , zijn we allemaal deels opgebouwd uit deze reactieve isotoop . Het is een belangrijke bijdrage aan ons leven dosis straling

CALCIUM
Atoomnummer 20
Chemische Symbool: Ca
Groep II A - De aardalkalimetalen

Calcium is een belangrijk ingrediënt voor een brede waaier van levende organismen . Menselijke tanden en botten bevatten calcium en mariene orgels bouwen hun schelpen van calciumcarbonaat . Lime, een verbinding met calcium een essentieel industriële chemicaliën . Een van de eerste toepassingen was in theatrale verlichting. Wanneer kalk wordt verhit tot een hoge temperatuur , het geeft een intense blauw- wit licht . Het werd gebruikt in het begin van de 19e eeuw tot acteurs die aanleiding geven tot de zinsnede verlichten ' in de schijnwerpers. ' Waarschijnlijk de meest belangrijke moderne gebruik van kalk in de productie van ijzer uit de ertsen .

SCANDIUM
Atoomnummer 21
Chemische Symbool: Sc
Groep III B Eerste rij Transition Element

Scandium het hoofd van de eerste rij overgang elementen . Alle zijn vrij reactief metalen en velen zijn zeer gevaarlijk . Scandium is een zeer lichtgewicht metaal met een vrij hoog smeltpunt en is goed bestand tegen corrosie . Deze eigenschappen hebben het van groot belang voor de luchtvaartindustrie voor de bouw van een vliegtuig . Scandium vormt weinig bruikbare verbindingen . Het metaal zelf heeft enig nut in elektronische apparaten zoals hoge intensiteit lampen die licht produceren met een kleurwaarde dichtbij die van natuurlijk zonlicht . Lampen van dit type worden vaak gebruikt om voetbalstadions te verlichten.

TITANIUM
Atoomnummer 22
Chemisch symbool : Ti
Groep IV B Eerste rij overgang Element

Titanium in zijn zuivere vorm is een metaal dat is gemakkelijk om te werken en heel taai of te kunnen worden getrokken in draad. Ondanks het lichte gewicht, het is ongewoon sterk en nagenoeg immuun voor gebruikelijke soorten metaalmoeheid . Het heeft ook een buitengewone weerstand tegen corrosie zodat het elke eigenschap die nodig is om het een ideaal materiaal voor straalmotoren en raketten te maken. De belangrijkste verbinding titaandioxide een stof met intense briljante witte kleur die wordt gebruikt als pigment voor verven , papier en plastic .

VANADIUM
Atoomnummer 23
Chemisch symbool : V
Groep VB Eerste rij Transition Element

Vanadium is een helder glanzend metaal dat is vrij zacht en zeer goed bestand tegen corrosie. Een Mexicaanse hoogleraar mineralogie namelijk Andres Manuel del Rio ontdekt vanadium in 1801 . Het werd later vernoemd naar de Scandinavische godin Vanadis vanwege de vele prachtig gekleurde stoffen . Ongeveer 80 % van het vanadium in de VS geproduceerde gaat in de productie van staal.

CHROOM
Atonische nummer : 24
Chemische Symbool: Cr
Groep VI B Eerste rij Transition Element

Chroom werd genoemd van het Griekse woord ' chroma ' betekenis kleur. Het mooie kleur van vele edelstenen - rood robijnen , de karakteristieke groene van de smaragden - wordt door de aanwezigheid van sporen hoeveelheid chroom . Het metaal wordt gewoonlijk gewonnen uit chromiet , een oxide van chroom die de belangrijkste erts . Bij blootstelling aan lucht , chroom vormt een onzichtbare oxide dat het uitermate corrosiebestendig en zeer nuttig zowel als een decoratieve en beschermende laag ten opzichte van andere metalen zoals messing , brons en staal maakt . Chroom wordt ook gebruikt om roestvast staal te produceren .

MANGAAN

Atoomnummer 25
Chemisch symbool : Mn
Groep VII B Eerste rij Transition Element

Mangaan is een hard grijs - wit metaal dat er uit en heeft veel eigenschappen die lijken op ijzer. Toevoegen van mangaan staal maakt is ongewoon hard en bestand tegen schokken . Dergelijke staal is ideaal voor gebruik in geweerlopen , bankkluis , spoorbanen en grondverzetmachines . Mangaan voegt ook hardheid , sterkte en corrosiebestendigheid legeringen van aluminium en magnesium . De verbinding kaliumpermanganaat heeft een paarse kleur die soms wordt gezien in antiek glas. Maar glasfabrikanten niet meer gebruiken mangaan , is zijn vermogen om objecten te kleuren gebruikt om keramiek en aardewerk fleuren .

IRON
Atoomnummer 26
Chemisch symbool : Fe
Groep VIII B Eerste rij Transition Element

IJzer is waarschijnlijk de meest voorkomende metalen in de menselijke samenleving . Of we zijn met behulp van een schroevendraaier of het berijden van een auto of een trein , het belang en het nut van ijzer als constructiemateriaal is vanzelfsprekend . Het interieur van de aarde zogenaamde kern is van gesmolten ijzer . De mogelijkheid om de metalen te verfijnen diende als een belangrijke mijlpaal in de menselijke ontwikkeling bekend als de IJzertijd (1000 voor Christus) . Zijn ontdekking leidde tot werktuigen en wapens die harder en duurzamer dan die van de bronstijd waren . Vandaag meer dan 90 % van alle metalen verfijnd is ijzer .

COBALT
Atoomnummer 27
Chemisch symbool : Co
Groep VIII B Eerste rij Transition Element

Een belangrijk erts van kobalt is kobaltiet . Het zuivere metaal wordt verkregen door het roosteren dit erts . De naam kobalt komt van het Duitse ' kabouter ' die verwijst naar een boze geest . Mijnwerkers vaak gezegd dat ongevallen in het achterhoofd werden veroorzaakt door ' Kobold ' . Kobalt wordt toegevoegd aan staal de corrosiebestendigheid te verbeteren . Wanneer kobalt wordt gemengd met wolfraam en koper , vormt Stellite , een metaal dat zijn hardheid bij hoge temperaturen waardoor het ideaal is voor hoge snelheid boren en snijden instrumenten behoudt . Zoals ijzer kobalt is gemakkelijk gemagnetiseerd . De krachtige magnetische substantie, alnico is een legering van kobalt , aluminium en nikkel .

NICKEL

Atoomnummer 28
Chemisch symbool : Ni
Groep VIII B Eerste rij Transition Element

Nikkel wordt vaak toegevoegd aan andere metalen zoals ijzer , staal en legeringen bestand tegen oxidatie gevormd . Nichrome het metaal gebruikt om de verwarmingselementen in broodroosters en elektrische ovens maken is een legering van chroom en nikkel . De hoge elektrische weerstand van nichroom combinatie met de hoge smeltpunt is het een zeer efficiënt materiaal om elektriciteit te verwarmen converteren . Een belangrijke toepassing van het metaal is in nikkel- cadmium-batterijen . Deze batterij is oplaadbaar waardoor het bijzonder nuttig in rekenmachines , computers en draadloze elektrische scheerapparaten maakt .

COPPER
Atoomnummer : 29
Chemisch symbool : Cu
Groep IB Eerste rij Transition Element

Een bekend gebruik van water in de leidingen die het water naar de keuken . Omdat koper is een van de beste stroom geleiden worden koperdraden schaal gebruikt om elektrische energie overbrengen van elektriciteitscentrales aan huizen , kantoren , fabrieken en andere gebouwen en uit het stopcontact elektrische apparaten . Koper werd ooit gebruikt om knoppen voor uniforme jassen voor politieagenten vandaar de omgangstaal ' koper ' voor de politie . Messing , een legering van koper en zink een breed scala van toepassingen van hardware zink .

ZINC
Atoomnummer 30
Chemisch symbool : Zn
Groep I B Eerste rij Transition Element

In zijn zuivere toestand , zink is een harde , brosse , zilverkleurige metalen . Het is relatief corrosiebestendig en vormt zich snel een harde oxide coating die voorkomt uit het reageren verder met de lucht . In het proces dat galvanisatie wordt een laag van verzinkt staal dan om corrosie te voorkomen . Het metaal heeft vele andere toepassingen . Een van de belangrijkste is in de gemeenschappelijke droge cell batterij . Sinds 1981 zink heeft gediend als de belangrijkste metalen in de VS cent . Zink wordt ook gecombineerd met koper om messing te vormen .

GALLIUM
Atoomnummer 31
Chemisch symbool : Ga
Groep III A Bericht Transition Metal

Gallium is een zeer zacht metaal met een laag smeltpunt en een zeer hoge kookpunt van 2403 graden Celsius . Het bereik van temperaturen waarbij gallium is vloeibaar is de grootste van alle bekende metalen . Dit maakt het nuttig voor speciale hoge mate thermometers . Tot voor kort enkele praktische toepassingen van gallium bekend waren . Dit veranderde snel de ontdekking dat galliumarsenide functioneren als een laserdiode en omzetten van elektriciteit direct in laserlicht . Lichtgevende diodes worden gebruikt in een verscheidenheid van horloges en AUTODISC spelers .

GERMANIUM
Atoomnummer 32
Chemisch symbool : Ge
Groep IV A Metalloid

Germanium is een relatief zeldzame donkergrijs solide element . Het wordt nooit gevonden in zuivere vorm in de natuur, maar in combinatie met zuurstof . Germanium is een semi - conductor genoemd. De toevoeging van kleine hoeveelheid onzuiverheden verhoogt het vermogen om elektriciteit te geleiden . ' Gedoteerde ' germanium wordt gebruikt om transistors die de kern van de halfgeleider elektronica- industrie. Met doping tienduizenden transistoren nu worden gevormd op een kleine germanium chip die in feite wordt een kleine computer . Dergelijke materialen hebben mogelijk de revolutie in elektronica miniaturisatie .

ARSENICUM
Atoomnummer 33
Chemisch symbool : Als
Groep VA Metalloid

Arseen is een bros kristallijne vaste stof bij kamertemperatuur . In de vorm van arseen oxide is een bekend vergif . Het wordt gebruikt als herbicide en insecticide . Arsenicum als gif heeft tot de verbeelding van menig schrijver misdaad. Vóór de recente ontwikkelingen in de forensische technieken , was het onmogelijk op te sporen in het lichaam van het slachtoffer. Hoewel een gif , hebben arseenverbindingen gebruikt voor medicinale doeleinden, alsook , de meest bekende welzijn '606 ' van Paul Ehrlich bedacht als een remedie voor syfilis .

SELENIUM
Atoomnummer 34
Chemisch symbool : Se
Groep VI A Metalloid

Selenium dragende mineralen zijn te schaars om winstgevend te worden ontgonnen .
Omdat het metalloïde in het bedrijf van koper en zwavel , bijna alle selenium gewonnen

als een bijproduct van verordeningen koperraffinage en de productie van zwavelzuur . Selenium bestaat in twee vormen - rood en grijs . Gray selenium is een fotogeleider betekent dat, hoewel een slechte geleider van elektriciteit normaal , het wordt en uitstekende dirigent in aanwezigheid van licht . Dit maakt selenium waardevol als een lichtsensor in robotica en lichtmeters .

BROOM
Atoomnummer 35
Chemisch symbool : Br
Groep VII A halogenen

Broom is een roodachtige vloeistof met een scherpe geur. De naam is afgeleid van het Griekse bromos betekenis stank . Broom kan worden gevonden in zeewater , ondergrondse zoutmijnen en diepe pekel putten . Een belangrijk gebruik van broom in het produceren van een benzine- additief genoemd ethyleen -dibromide . Deze verbinding verwijdert de loodtoevoegingen na de verbranding van benzine voorkomen van de vorming van afzettingen leiden . Broom is uiterst giftig en verbrandt de huid. Bovendien zijn schadelijke dampen kunnen beschadigen neus en keel .

KRYPTON
Atoomnummer 36
Chemisch symbool : Kr
Groep VIII A de edelgassen

In 1933 daagde Linus Pauling het idee dat de edelgassen zijn chemisch inert . Het bestaan van de verbinding hij voorspelde krypton en fluor werd bevestigd in 1966 . Krypton is een reukloos , smaakloos , kleurloos volledig onschadelijk gas. Haar voornaamste gebruik is in ' neon ' lampen die een deel van het moderne landschap zijn . Wanneer verzegeld in een glazen buis blootgesteld aan elektrische ontlading , krypton produceert een bleke paarse kleur gebruikt voor de landingsbaan van de luchthaven en aanpak lichten . Krypton wordt ook gebruikt gemengd met xenon in een hoge intensiteit , korte blootstelling fotografische flitslampen of knipperlichten .

RUBIDIUM
Atoomnummer 37
Chemisch symbool : Rb
Groep IA The Alkali Metals

Rubidium is een zilveren zeer zacht zeer reactief metaal dat spontaan brandt wanneer blootgesteld aan lucht . Het reageert ook heftig met water geven van grote hoeveelheden waterstof die onmiddellijk barst in vlammen als gevolg van de warmte die door de reactie . Rubidium is veel te reactief als zuiver metaal in de natuur bestaan en weinig rubidium dragende mineralen zijn bekend . Rubidium heeft weinig commerciële waarde . Werd de metalen ontdekt in 1861 door de Duitse scheikundigen Robert Bunsen en Gustav Kirchoff . Zij identificeerden door spectraallijnen als onzuiverheid vele alkalimetalen ze onderzochten .

STRONTIUM
Atoomnummer 38
Chemisch symbool : Sr
Groep IIA aardalkalimetalen

Strontium heeft weinig commercieel gebruik en zijn verbindingen hebben slechts beperkte toepassing vinden in de industrie . Aangezien strontium zouten zoals strontium -carbonaat zenden een karakteristieke rode kleur wanneer ze branden , worden ze gebruikt in de snelweg waarschuwing fakkels en vuurwerk . Een van de isotopen van strontium , Sr - 90 is een radioactief bijproduct van nucleaire explosies en kan grote delen van milieuverontreiniging door radioactieve neerslag uit de atmosfeer. Aangezien strontium 90 ontstaat bij uranium ondergaat splijting , moeten de exploitanten van kernreactoren voortdurend op je hoede te zijn toevallige introductie in het milieu te voorkomen .

YTTRIUM
Atoomnummer 39
Chemisch symbool : Y
Groep III B Transition Element

Yttrium wordt gevonden in kleine hoeveelheden in de aardkorst , maar de rotsen terug van de Maan bracht had een onverwacht hoge yttrium inhoud. Wanneer de temperatuur wordt verlaagd tot enkele graden boven het absolute nulpunt , bijna alle metalen vertonen geen enkele elektrische weerstand . Extreem lage temperaturen zijn niet handig . In 1987 aangekondigd wetenschappers de ontdekking van een verbinding van yttrium , koper en barium oxide dat is supergeleidend bij 93 graden Kelvin . Andere mengsels van dit element worden onderzocht en er is optimisme dat een van hen zou uitdraaien op een praktische hoge temperatuur supergeleider .

ZIRKONIUM
Atoomnummer 40
Chemisch symbool : Zr
Groep IV B Transition Element

Zirkonium is een sterke, duurzame metalen . Zijn vermogen om hoge temperaturen te weerstaan maakt het een ideaal ingrediënt voor hittebestendige materialen in het ruimtevaartuig . De bekendste verbinding van zirkonium is de metalen zirkoon . Het is al bekend sinds de oudheid en zelfs in de Bijbel genoemd . Gevonden in een grote verscheidenheid van kleuren , wanneer het kristal gesneden en gepolijst wordt beschouwd als een semi kostbare edelsteen . Zirkoon heeft een extreem hoge brekingsindex . Hierdoor zijn kleurloze kristallen een ongewone schittering en worden soms gebruikt als substituten voor diamanten .

NIOBIUM
Atoomnummer 41
Chemisch symbool : Nb
Groep VB Overgang Element

Het metaal niobium is belangrijk geweest in de geschiedenis van hoge temperatuur supergeleiding . Een legering bestaande uit niobium en germanium heeft de mogelijkheid om grote stromen waardoor de constructie van supergeleidende magneten voor instrumenten als kernmagnetische weerstaan
resonantie scanners gebruikt in diagnostische geneeskunde. Niobium wordt toegevoegd aan staal voor speciale doeleinden . Bij hoge temperaturen de grenzen tussen de kleine korrels die deel uitmaken van roestvrij staal verzwakken en corroderen gemakkelijker dan de rest van het staal. De toevoeging van niobium voorkomt dit toestaan staal veel hogere temperaturen onder extreme stress te weerstaan .

MOLYBDENUM
Atoomnummer 42
Chemisch symbool : Mb
Groep VI B Transition Element

Molybdeen is een hard zilverkleurige metalen . Vrij grote deposito's van molybdenietconcentraat zijn te vinden in Colorado , VS. Staal dat molybdeen is goed geschikt voor vliegtuig-en auto-motor -onderdelen . Het kan temperatuur- en drukveranderingen voortdurend plaats in een motor weerstaan . Om dezelfde reden wordt gebruikt bij de vervaardiging van en kanonnen . Een van de radioactieve isotopen , molybdeen - 99 wordt gebruikt in ziekenhuizen om technetium - 99 die zeer nuttig is voor het nemen van foto's van de interne organen na intern genomen genereren .

TECHNETIUM
Atoomnummer 43
Chemisch symbool : Tc
Groep VII B Transition Element

Technetium was het eerste element worden geproduceerd in het laboratorium van een andere element.Logically het ontleent zijn naam aan het Griekse teknetos betekenis kunstmatig. Elke isotoop is radioactief en vervalt tot een isotoop van een ander element vormen. Vandaag kernreactoren produceren een van de meest bruikbare isotopen van technetium , technetium - 99m . Toen het in geïnjecteerd in de aderen van een patiënt , zal de isotoop te concentreren in bepaalde organen van het lichaam en de radioactiviteit zal een fotografische plaat onthullen hoe die organen functioneren bloot .

RUTHENIUM
Atoomnummer 44
Chemisch symbool : Ru
Groep VIII B Transition Element

Ruthenium is een zeldzaam element dat gewoonlijk wordt gewonnen als een bijproduct van de raffinage van platina ertsen . Hoofdzakelijk ruthenium wordt gebruikt als een katalysator voor industriële processen . Het is gebruikt als een katalysator in waterstofgas verkrijgen direct splitsen watermoleculen niet door electrolysis.Rutheniumis ook gebruikt in de vervaardiging van juwelen als verharding additief aan platina en wordt vaak toegevoegd aan titanium zijn corrosiebestendigheid verbeteren . Andere legeringen van ruthenium worden gebruikt in vulpen punten en speciale elektrische contacten .

RHODIUM
Atoomnummer 45
Chemisch symbool : Rh
Groep VIII B Transition Element

Rhodium is een zeldzame , zeer hard zilvergrijs metaal. Het werd in 1803 ontdekt door William Wollaston . Hij noemde het naar het Griekse woord rhodon voor roze , omdat veel van de zouten zijn roze kleur . Het wordt gebruikt in de katalysatoren van auto's . De uitlaatgassen zijn een belangrijke bron van luchtverontreiniging . De katalysator is gevuld met kleine katalytische bolletjes, bevattende platina , palladium en rhodium die hete uitlaatgassen die passeren door hen in onschadelijke producten om te zetten .

PALLADIUM
Atoomnummer 46
Chemisch symbool : Pd
Groep VIII B Transition Element

Palladium is een zacht zilverwit metaal dat platina lijkt. Het is uiterst buigzaam en kneedbaar . Een interessante toepassing van palladium ontstaan wanneer serendipitously werd vastgesteld dat het nuttig bij de behandeling van kanker door remming van celdeling en betrekkelijk vrij van bijwerkingen . Met een halfwaardetijd van slechts 17 dagen , kan de palladium103 isotoop krachtige doses straling te leveren aan kanker te vernietigen en vervolgens verdwijnen na iets meer dan een maand .

SILVER
Atoomnummer 47

Chemisch symbool : Ag
Groep IB Transition Element (Coinage Metal)

Zilver is een van de weinige metalen gevonden in vrije staat in de natuur en het symbool Ag komt van het Latijnse woord Argentum die zilver betekent . Het is een muntstelsel metalen sinds bijbelse tijden misschien zelfs eerder. Van alle metalen , zilver is de beste geleider van warmte en elektriciteit . Het wordt meestal gebruikt in huishoudelijke bedrading wegens lasten maar uitgebreid gebruikt in de productie van hoogwaardige elektronische apparatuur .

CADMIUM
Atoomnummer 48
Chemisch symbool : Cd
Groep II B Transition Element

Cadmium is aanwezig in dergelijke grote hoeveelheden zink ertsen die algemeen wordt beschouwd als een bijproduct van de raffinage zink . De belangrijkste gebruik van het metaal in galvaniseren van staal ter voorkoming van corrosie. Het wordt minder vaak gebruikt dan zink omdat het minder overvloedig en heeft een neiging om gezondheidsproblemen veroorzaken . Het vermogen van cadmium neutronen absorberen van groot belang bij het ontwerpen van reactorregelsysteem nucleaire staven . Cadmium wordt ook gebruikt als een rode en gele pigment in verf maken .

INDIUM
Atoomnummer 49
Chemisch symbool : In
Groep III A Bericht overgangsmetaal

Indium is een zeldzaam blauwachtig wit metaal zacht genoeg om sporen van zichzelf achter te laten wanneer krachtig wreef tegen andere metalen . Puur indium heeft weinig commerciële toepassingen en het wordt voornamelijk gebruikt als een legering met andere metalen . Legeringen van indium en zilver en indium en lood zijn beter geleiders dan zilver of lood alleen. Ze hebben ook gevonden toepassingen in de vervaardiging van transistors en fotocellen . Indium folies worden vaak ingebracht in kernreactoren op de nucleaire reactie te regelen . De snelheid waarmee deze folies worden radioactieve dient als een waardevolle meting van de reacties die plaatsvinden .

TIN
Atoomnummer 50
Chemisch symbool : Sn
Groep IV inzenden Transition Metal

Tin was een van de eerste metalen die worden gebruikt door de mens . Brons , een legering van koper en tin werd in Egypte meer dan 5000 jaar geleden . Tegenwoordig wordt het hoofdzakelijk gebruikt als een middel legeren en tinnen bord dat is staalplaat bedekt met een dun laagje tin maken . Omdat tin beschermt staal tegen voedingszuren, werd tinnen bord gebruikt om blikjes voor voedsel te maken maar is nu grotendeels vervangen door kunststof en aluminium . Het is een van de meest kneedbare metalen bekend .

ANTIMOON
Atoomnummer 51
Chemisch symbool : Sb
Groep VA Metalloid

Antimoon is een hard, bros , kristallijn , grijsachtig , solide. Hoewel bekend als een metaal , het is een zeer slechte geleider van elektriciteit . Het erts dat dient als primaire bron is het mineraal stibniet . Een zwarte compound , werd het gebruikt in de oudheid van vrouwen wenkbrauwen donkerder . Een belangrijk gebruik voor de antimoon is gebruikelijk veiligheid match . Het hoofd van de lucifer bevat een mengsel van antimoon trisulfide en een oxidatiemiddel zoals kaliumchloraat . Antimoon heeft weinig andere commerciële toepassingen . Als een legering is de hardheid van vele metalen kan verhogen .

tELLURIUM
Atoomnummer 52
Chemisch symbool : Te
Groep VI A Metalloid

Tellurium is een zeldzame zilverwit metalloid . In tegenstelling tot de typische metalen , het is broos en een slechte geleider van elektriciteit . Tellurium is een van de weinige elementen die met goud combineert . De verbindingen het vormen zijn goud telluriden genoemd en ze vormen een zeer belangrijk onderdeel van goud ertsen . Tellurium vaak gewonnen als een bijproduct verfijning van goud en ook koper . Het voornaamste gebruik van tellurium is als toevoeging aan dergelijke metalen zoals koper en roestvrij staal om een legering die gemakkelijker te bewerken dan de originele metalen creëren .

JODIUM
Atoomnummer 53
Chemisch symbool : I
Groep VIIA halogenen

Jodium is een violet zwarte vaste stof aangetroffen in zeewier , pekel putten en in de zee . Hoewel een gif , een van de meest voorkomende toepassingen is als een antiseptische oplossing jodium . Jodiumzouten worden toegevoegd aan keukenzout en diervoeder. Dit gebeurt als jodium is een belangrijk bestanddeel van het hormoon thyroxine afgescheiden door schildklier en zorgt ervoor dat het drukstuk functioneert.

Zilverjodide heeft de mogelijkheid om enorme hoeveelheid kristallen - wel een miljoen miljard van een gram - die als kernen voor regendruppel vorming vormen .

XENON
Atoomnummer ; 54
Chemisch symbool : Xe
Groep VIII A de edelgassen

Xenon bestaat in sfeer in slechts zeer kleine hoeveelheden . Net als de andere edelgassen het bestaat als een eenatomige molecuul dat geen kleur geur of smaak heeft . In 1962 , Neil Bartlett het Engels chemicus maakte de eerste edelgas verbinding. Hij combineerde xenon en platina hexafluoride en tot zijn grote verbazing behaalde een solide , geel - oranje verbinding die bestaat uit moleculen van xenon , platinim en fluor . Tot op heden xenon en krypton zijn de enige edelgassen bekend om verbindingen te vormen. Net als andere edelgassen , wordt xenon gebruikt in elektrische ontlading buizen om licht te produceren .

cESIUM
Atoomnummer 55
Chemisch symbool : Cs
Groep IA The Alkali Metals

Pure cesium is de zachtste metalen bekend . De extreme reactiviteit is het nuttig bij het verwijderen van ongewenste gassen uit vacuümsystemen bijvoorbeeld in een televisie buis . De isotoop cesium - 133 fungeert als 's werelds officiële maat van de tijd . De tweede wordt gemeten in termen van de straling uitgezonden door atoom cesium 133 wanneer het wordt opgewekt door een externe energiebron in plaats van in termen van de rotatie van de aarde rond de zon als het vroeger was. De tweede wordt beschreven als de verstreken tijd precies 9192531770 trillingen van de straling van caesuim - 133 atoom .

BARIUM
Atoomnummer 56
Chemisch symbool : Ba
Groep IIA aardalkalimetalen

In de vorm van oplosbare zouten , barium vrij toxisch . Anderzijds in onoplosbare vorm is onschadelijk voor het menselijk lichaam . Radiologen gebruiken bariumsulfaat onderzoeken darmkanaal van een patiënt met Xrays.Barium sulfaat heeft ook een aantal andere toepassingen op basis van de lage oplosbaarheid in water en witte kleur . Het wordt gebruikt als een witmaker voor fotografische platen als vulstof in schrijfpapier , plastics en kunstvezels . Barium metaal heeft weinig commerciële toepassingen omwille van zijn bereidheid om te reageren met zuurstof en vocht .

lantaan
Atoomnummer 57
Chemisch symbool : La
Groep III B Rare Earth Element (lanthaniden)

Lanthaan is de eerste van het zeldzame aarde-element reeks . Het is gebruikelijk om zeldzame elementen vermengd in een minerale vinden . Waarschijnlijk de meest belangrijke gebruik van lanthanide verbindingen is in het fabriceren van de elektroden voor de hoge intensiteit koolstof booglampen gebruikt in zoeklichten , studio verlichting en film projectoren . Lanthaan en de isotopen in de fragmenten die worden geproduceerd wanneer uranium splitsingen . Het was de ontdekking van lanthaan isotopen evenals die van barium Duitse chemicus Otto Hahn die uiteindelijk leiden tot het idee van kernsplijting .

CERIUM
Atoomnummer 58
Chemisch symbool : Ce
Groep III B Rare Earth Elements (lanthaniden)

Cerium werd vernoemd naar de asteroïde Ceres wiens ontdekking in 1801 veroorzaakte grote opwinding in de wetenschappelijke wereld . De zuivere metallische vorm van cerium was niet voorbereid tot in 1875 . Het is een ijzeren grijs metaal dat is heel kneedbaar en taai . Ceriumverbindingen zoals die van lanthaan commercieel worden gebruikt om de elektroden van hoge sterkte koolstof booglampen vormen . Als cerium oxide wordt gebruikt als een additief aan de wanden van zelfreinigende ovens waar het lijkt de opbouw van kookresten voorkomen .

praseodymium
Atoomnummer 59
Chemisch symbool : Pr
Groep III B Rare Earth Elements (lanthaniden)

Het werd ontdekt door Carl Auer von Welsbach , een Oostenrijkse baron die een interesse in mineralogie gehad. Het zuivere metaal wordt geïsoleerd van de ertsen door ionenuitwisseling techniek . Een uitwisseling proces wordt gebruikt om een soort ion isoleren vervangen door een andere . Bij een dergelijke werkwijze is het werkzame bestanddeel een hars uit grote moleculen die een netachtige structuur . De hars bevat mobiele ionen losjes verbonden met het net. Wanneer een oplossing die de andere ionen wordt door de hars vervangen ze de mobiele ionen die dan diffunderen uit het net .

NEODYMIUM

Atoomnummer 60
Chemisch symbool : Nd
Groep III A Rare Earth Elements (lanthaniden)

Het is een magnetische substantie gebruikt om enkele van de krachtigste magneten in de wereld te creëren . De SuperMagneten staan bekend als NIB magneten want ze bevatten ijzer en borium als well.They zijn zo sterk dat twee kleine magneten met een druk op een van beide zijden van je hand zonder te vallen . Een Nd magneet bij de halve inch diameter is sterk genoeg om in magnetische materialen drukinkt gebruikt papiergeld en kan worden gebruikt om valse detectie . Het wordt ook gebruikt in roze gekleurde bril!

promethium
Atoomnummer 61
Chemisch symbool : Pm
Groep III B Rare Earth Elements (lanthaniden)

Geen spoor van promethium is gevonden op de aardkorst , maar het is geïdentificeerd in het spectrum van verschillende sterren in de Andromedanevel . Het is een synthetisch zeldzaam element in de nucleaire versnellers en kernreactoren . Wanneer neodymium wordt onderworpen aan intense neutronenstraling aanwezig in een reactor wordt omgezet in promethium . 28 isotopen van het element tot dusver gesynthetiseerde al zijn radioactief. Is zeer weinig bekend over de chemische en fysische eigenschappen van pure promethium .

samarium
Atoomnummer 62
Chemisch symbool ; Sm
Groep III B Rare Earth Element (lanthaniden)

De belangrijkste ertsen samarium zijn bastnasite en monaziet . Monaziet ertsen vaak met maar liefst 50 % van hun gewicht in zeldzame aardmetalen zijn te vinden in de rivier zand in India en Brazilië en in Florida strand sand.In zijn pure vorm samarium heeft een zilver-witte glans en is redelijk bestand tegen oxidatie . Het metaal zal echter spontaan ontbranden bij lage temperaturen . Sommige verbindingen van dit element worden gebruikt om permanente magneten te vervaardigen . Samarium oxide is een uitstekende absorptie van infrarode straling en daartoe toegevoegd aan de verschillende glassoorten en infrarood gevoelige fosfor .

europium
Atoomnummer 63
Chemisch symbool ; Eu
Groep III B Rare Earth Element (lanthaniden)

Europium is een van de meest zeldzame van de zeldzame aardmetalen . In 1901
Franse chemicus geïsoleerd Eugene - Anatole Demarcay eindelijk een onzuiverheid in
een samarium - gadolinium monster hij studeerde en geïdentificeerd de onzuiverheid
als een nieuw element . Pure europium is vrij zacht en zilverwit . Het is zeer taai en een
van de meest reactieve van de zeldzame aardmetalen . Europiumoxide wordt vrij veel
gebruikt als een additief om de efficiëntie van rode fosfor in televisie -en
computerschermen verbeteren . Het wordt ook gebruikt om de energie-efficiëntie van
fluorescentielampen verhogen .

gadolinium
Atoomnummer 64
Chemisch symbool : Gd
Groep IIIA Rare Earth Element (lanthaniden)

Twee isotopen van gadolinium behoren tot de meest potente absorberen van neutronen .
Hoewel hun schaarste grenzen te gebruiken , worden ze gebruikt bij het maken van
regelstaven voor kernreactoren . Het is ferromagnetische zin dat het zeer sterk wordt
aangetrokken door magneten . Maar het Curie punt , de temperatuur waarbij
magnetisch materiaal zijn magnetisme verliest ongeveer kamertemperatuur. Het is
bewezen value in een techniek indringende het inwendige van metalen genoemd
neutron radiografie . Het wordt gebruikt in de luchtvaart en scheepsbouw industrie om
te zoeken naar verborgen gebreken en structurele zwakheden in de rompen en rompen .

terbium
Atoomnummer 65
Chemisch symbool : Tb
Groep III B Rare Earth Element (lanthaniden)

In een zuivere metallische vorm , terbium is een zilverachtig-wit, kneedbaar , buigzaam
en zacht genoeg met een mes te snijden . Het draagt een gelijkenis om te leiden , maar
het is veel zwaarder . Zoals lood is weinig gevoelig voor corrosie . Verbindingen van
terbium hebben sticht toepassingen in speciale lasers en als fosforen dat de groene
kleur in beeldbuizen en computermonitoren produceren . Andere toepassingen
omvatten de productie van legeringen met speciale magnetische eigenschappen voor
gebruik in compact discs en de fabricage van high definition Röntgenstraal schermen .

dysprosium
Atoomnummer 66
Chemisch symbool : Dy
Groep III B Rare Earth Element (lanthaniden)

Dysprosium negende plaats in overvloed onder de zeldzame aarde-elementen in de aardkorst . Het werd ontdekt in 1886 door de Franse chemicus Paul - Emile Lecoq de Boisbaudran in een monster van erbium oxide . Hij baseerde zijn naam op het Griekse woord dysprositos die moeilijk op te krijgen betekent . Pure dysprosium was tot 1950, toen de moderne chemische technieken zoals ionenwisseling scheiding werden ontwikkeld niet beschikbaar . Dysprosium lijkt meeste andere zeldzame aardmetalen . Het is zacht genoeg met een mes te snijden , een glanzende zilveren kleur en is relatief stabiel in lucht .

HOLMIUM
Atoomnummer 67
Chemisch symbool : Ho
Groep III B Rare Earth Element (lanthaniden)

In 1878 , twee Zwitserse wetenschappers merkten holmium karakteristieke spectraallijnen , maar kon ze niet identificeren . Ze noemden de onbekende bron van de spectraallijnen element X. Kort daarop in 1879 de Zweedse chemicus Per Teodor Cleve geïsoleerd en geïdentificeerd het element tijdens het werken met een mineraal genaamd Erbia . Zuivere metalen holmium die tot voor kort niet beschikbaar was heeft een heldere zilverachtige kleur . Het is vrij corrosiebestendig in droge lucht , maar tast snel in vochtige lucht de vorming van een geelachtig oxide . Behalve het gebruik als kleurstof voor glas , het weinig commerciële toepassingen .

ERBIUM
Atoomnummer 68
Chemisch symbool : Er
Groep III B Rare Earth Element

Erbium werd ontdekt door Carl Gustaf Mosander in een gele oxide dat hij geïsoleerd van het mineraal yttrium . Mosander noemde het element voor het Zweedse dorpje Ytterby de site van grote concentraties van yttrium en erbium . De voornaamste bronnen van erbium zijn de mineralen xenotime en euxerite . Erbium en andere zeldzame aarden is eigenlijk een onzuiverheid in deze ertsen . De commerciële toepassingen van erbium zijn eerder beperkt . De oxiden worden vaak toegevoegd aan glas en glazuur glazuren om kleur ze roze . Het glas wordt vaak gebruikt voor zonnebrillen en goedkope sieraden .

thulium
Atoomnummer 69
Chemisch symbool : Tm
Groep IIIB Rare Earth Element (lanthaniden)

Thulium is een zeldzame aarde-element dat extreem schaars . Het komt in zeer kleine hoeveelheden in het gezelschap van andere zeldzame aarden . De Zweedse chemicus Per Teodor Cleve ontdekt het element in 1879 en noemde het voor Thule , de oude naam voor Scandinavië. De belangrijkste bron van thulium is het mineraal monazite die bestaat uit ongeveer duizendste 1 % thulium . Het heeft weinig commerciële toepassingen buiten gebruikt in lasers . Het is duur maar zeer weinig van het metaal beschikbaar is voor experimenten.

ytterbium
Atoomnummer 70
Chemisch symbool : Yb
Groep III B Rare Earth Element (lanthaniden)

Ytterbium , de eerste zeldzame te ontdekken element wordt gevonden in bescheiden overvloed in de aardkorst en altijd in gezelschap van zeldzame aarden . Het werd ontdekt door de Franse chemicus Jean de Marignac in 1878 als onderdeel van de minerale bekend als Erbia en genoemd naar de Zweedse dorp Ytterby op basis van de hoge concentraties van erbium . Pure ytterbium metal was niet beschikbaar voor studie tot 1953 . De commerciële toepassingen zijn als legeringselement middel met roestvrij staal. Bepaalde legeringen zijn ook gebruikt in de tandheelkunde .

Lutetium
Atoomnummer 71
Chemisch symbool : Lu
Groep III B Rare Earth Element (lanthaniden)

Hoewel hij nooit formeel zijn resultaten publiceerde , wordt Amerikaanse chemicus Charles James nu beschouwd te hebben ontdekt lutetium in 1907 . Werken tijdens de vroege jaren 1900 aan de Universiteit van New Hampshire , James werd een belangrijke kracht in de productie van zeldzame aarden . Hij en zijn leerlingen zouden ton erts en arbeid te verwerken door middel van kristallisaties op een enkel monster te produceren. Pure lutetium metaal is moeilijk en kostbaar te bereiden . Het is het moeilijkste en het zwaarste zeldzame aarde-element . Geen commerciële toepassingen ontwikkeld .

HAFNIUM
Atoomnummer 72
Chemisch symbool : Hf
Groep IV B Transition Element

Eigenschappen hafnium evenals zijn geschiedenis zijn nauw verbonden met zirkonium. Velen hadden het bestaan van element 72 voorspeld, maar de alomtegenwoordigheid van de chemische twin bemoeid met de identificatie . Het voornaamste gebruik van hafnium is gebaseerd op een van de weinige verschillen zirkonium . Haar vermogen om thermische neutronen te absorberen maakt het een bruikbaar materiaal voor regelstaven voor reactoren . De belangrijkste voordelen van hafnium vergelijking met andere stang materialen zijn sterkte en weerstand tegen corrosie . Helaas is in een vrij grote reactor de kosten van hafnium staven kan $ 1.000.000 of meer .

TANTAAL
Atoomnummer 73
Chemisch symbool : Ta
Groep VB Overgang Element

Tantaal is een zeer hard en zeer heavy metal . De chemische inertie maakt tantaal zeer resistent tegen aanval door stoffen in het menselijk lichaam . Dit heeft geleid tot een groot aantal toepassingen in de medische en tandheelkundige ingreep . Tantaal als legeringselement middel draagt corrosiebestendigheid , taaiheid , hardheid en een hoog smeltpunt een aantal andere metalen . Nog een ander belangrijk gebruik van tantaal in de bouw van kleine maar krachtige elektrolytische condensatoren . Deze condensatoren zijn bijzonder nuttig in de geminiaturiseerde elektronische circuits die de kern van apparaten zoals mobiele telefoons en computers ligt .

TUNGSTEN
Atoomnummer 74
Chemisch symbool : W
Groep VIB overgangselement

Een van de belangrijkste toepassingen van wolfraam is de vervaardiging van filamenten voor de gewone gloeilamp . Tungsten heeft het hoogste smeltpunt -3410 graden C en hoogste kookpunt 5900 graden C - van alle metalen . De hoge temperatuur toepassingen van wolfraam variëren van verwarmingselementen in elektrische kachels aan de sproeiers op de raketmotoren van ruimtevoertuigen . Elektriciteit die door een opgerolde draad van wolfraam produceert genoeg warmte om de draad witheet maken . Aangezien de metalen oververhitting inerte gassen zoals stikstof en argon worden ingesloten in de lamp met een wolfraam gloeidraad .

rhenium
Atoomnummer 75
Chemisch symbool : Re
Groep VUB overgangselement

Rhenium een van de zeldzaamste elementen werd ontdekt in platina ertsen door de Duitse scheikundigen Ida Tacke , Walter Nodack en Otto Carl Berg in 1925 . Het is een extreem dichte metaal met een zilvergrijze glans en een smeltpunt alleen overtroffen door wolfraam en koolstof . Dit is de basis voor renium in combinatie met wolfraam te maken thermokoppels voor het meten van temperaturen tot 2000 ° C. Rhenium wordt voornamelijk gebruikt als legeringselement middel voor het vervaardigen van metalen die bestand zijn tegen slijtage als die vereist voor elektrische schakelcontacten en elektroden .

Osmium
Atoomnummer 76
Chemisch symbool : Os
Groep VIIIB overgangselement

Omdat het zuivere metaal is moeilijk te maken , wordt osmium vaak vervaardigd als een poeder dat vervolgens gevormd tot vaste massa door verhitting . Het poeder oxideert in de lucht en wordt langzaam uitgestoten als een sterk ruikende giftige gassen kunnen veroorzaken long-en beschadiging van de huid . De uitstoot van de giftige oxide gas maakt het gebruik van osmium metalen onpraktisch . Als legeringselement additief maar het is heel veilig en wordt vooral gebruikt om harde legeringen te maken met dergelijke metalen zoals platina en iridium . Deze legeringen worden gebruikt voor elektrische schakelaar contacten , grammofoon naalden en vulpen tips.

IRIDIUM
Atoomnummer 77
Chemisch symbool : Ir
Groep VIII B Transition Element

Iridium is een bros geelachtig witte edelmetaal . Het wordt over het algemeen gevonden in ertsen bevattende platina of nikkel . Scheidt van deze ertsen is een moeizame en kostbare taak die alleen gerechtvaardigd is door de gelijktijdige herstel van platina en nikkel . De belangrijkste toepassing van iridium als toevoeging aan platina legeringen creëren dat de hardheid van deze metalen te verhogen . Iridium corrosiebestendigheid maakt het ook nuttig zijn bij de fabricage van artikelen die absolute zuiverheid zoals injectienaalden en raketmotoren vereisen .

PLATINUM
Atoomnummer 78
Chemisch symbool : Pt
Groep VIII B Transition Element (Precious Metal)

Vele toepassingen van platina profiteren van de chemische stabiliteit en inertie . Het wordt gebruikt in de raffinage van aardolie , de tandheelkunde , de keramische industrie , de elektrische en elektronische industrie , en wordt zeer gewaardeerd in het maken van sieraden . Platina is ook nuttig voor de automobielindustrie . Het helpt chemische reacties die het schoonmaken van uitlaatgassen uit de motoren van de auto's , het omzetten van koolmonoxide en onverbrande brandstof in water en kooldioxide .

Bovendien is een bar van iridium - platinalegering fungeert als de wereldstandaard voor de kilogram , de basiseenheid voor de massa in het metrieke stelsel .

GOLD
Atoomnummer 79
Chemisch symbool : Au
Groep IB Transition Element (Precious Metal)

Goud wordt verhandeld in grondstoffen uitwisselingen en de schommelingen in de prijs worden beschouwd als een index van de gezondheid van de economie . Het is de meest taaie en kneedbaar van alle metalen . Omdat het ook een van de meest reactief, kan het zijn schitterende glans behouden . In de natuur goud is meestal te vinden als een zuiver metaal , vaak als nuggets of vlokken . Zijn zuiverheid wordt gemeten als karaat. Zuiver goud wordt gezegd dat het 24 - karaats goud. Want het is heel zacht , maar de meeste gouden sieraden is gemaakt van 18 karaat goud .

MERCURY
Atoomnummer 80
Chemisch symbool : Hg
Groep II B Transition Element

Kwik is het enige metaal dat vloeibaar is bij kamertemperatuur en blijft een vloeistof over een zeer breed en geschikte temperatuurbereik . Enkele veel voorkomende huishoudelijke producten die kwik bevatten, zijn thermometers , barometers , thermostaten , stille muur schakelaars en tl-lampen . Industriële toepassingen van kwik bevatten diffusiepompen en kwiklampen dat de blauwachtige witte lichten van de straatverlichting te genereren. Een andere nuttige eigenschap van kwik is de mogelijkheid om andere metalen lossen legeringen genoemd amalgaam vormen . Tandartsen gebruiken vaak zilver - kwik amalgaam om tanden te vullen .

THALLIUM
Atoomnummer 81
Chemisch symbool : Tl
Groep III A Post- Transition Metal

Een veel voorkomende bron van thallium is zink en lood raffinage . Dit kneedbaar en heavy metal is vrij actief en langzaam tast in de lucht . Thallium en de verbindingen zijn zeer giftig en er is bewijs dat het kanker kan veroorzaken . Zelfs contact met de huid kan gevaarlijk zijn, hoewel in zeer lage concentraties thallium is gebruikt bij de behandeling van ringworms . Thallium sulfaat is een reukloos en smaakloos gif dat vroeger werd gebruikt om ratten en insecten te doden , maar het is nu verboden in verschillende landen .

LEAD
Atoomnummer 82
Chemisch symbool : Pb
Groep IV A

Lood is een zeer kneedbaar metaal dat gemakkelijk kan worden bewerkt tot gebruiksvoorwerpen allerlei maken . Lood munten en beeldhouwkunst zijn gevonden in Egyptische graven dateren uit 5000 voor Christus . Het wordt grotendeels gebruikt om elektroden van lood accu's te maken. Lood is een belangrijk onderdeel van soldeer gebruikt voor het maken van elektrische verbindingen op de printplaten in computers en televisietoestellen . Glazen schermen van tv-toestellen bevatten lood om de kijker te beschermen tegen straling . In feite is elk tv-toestel bevat bijna een half pond lood .

BISMUTH
Atoomnummer 83
Chemisch symbool : Bi
Groep VA van overgangsmetaal

Bismut is een wit broos metaal dat een lichte gelige tint heeft . Verbinding bismutsubnitraat is gebruikt als een antacidum in de behandeling van zweren . Bismutoxide is een populaire geel pigment in cosmetica . Als water bismut is een van de weinige stoffen die uitzet als het verandert van vloeibaar naar vast . Deze eigenschap wordt gebruikt voor legeringen waarvan het volume constant blijft wanneer ze stollen maken . Metalen gelegeerd met bismut kan voor afgietsels en mallen die hun exacte afmetingen behouden , zelfs wanneer gevuld met gesmolten metaal .

POLONIUM
Atoomnummer 84
Chemisch symbool : Po
Groep VI A Metalloid

De ontdekking van polonium door Marie en Pierre Curie in 1898 vermeldt een van de grote momenten in de geschiedenis van de wetenschap leidt tot de moderne concept van de atoomkern en een begrip van de structuur . Polonium heeft 27 bekende isotopen en alle van hen zijn radioactief . Het meest direct beschikbaar is polonium 210 , een zilveren metalloid dat is vrij volatiel en 100.000 keer giftiger dan cyanide . In radiologische laboratoria isotoop gemengd met poedervormig beryllium wordt vaak gebruikt om grote hoeveelheden neutronen produceren zonder het gebruik van kernreactor .

astatine
Atoomnummer 85

Chemisch symbool : At
Groep VII A halogenen

Kleine hoeveelheden astatine natuurlijk bestaan als de vervalproducten van uranium en thorium . Astatine werd voor het eerst geproduceerd in 1940 door een team van radiochemists door het bombarderen van bismut met alfadeeltjes . Slechts ongeveer 1 miljoenste van een gram astatine daadwerkelijk kunstmatig geproduceerd en het is dan ook niet verwonderlijk dat er weinig bekend is over de eigenschappen. De chemie moet redelijk vergelijkbaar met die van jodium hoewel er enig bewijs dat het iets metallisch zijn.

RADON
Atoomnummer 86
Chemisch symbool : Rn
Groep VIII A de edelgassen

Radon wordt geproduceerd als een van de door de producten van het radioactief verval van uranium en thorium . Radon - 222 , wordt de langste levensduur isotoop gevonden in aanzienlijke concentraties sa gas in de bodem , omdat sporen van uranium aanwezig in de aardkorst zijn . Hoewel het groeit , tabak onderworpen verontreiniging van radon uit de bodem en het uranium rijke fosfaat meststoffen gebruikt plantenbakken. Wanneer de tabak in een sigaret wordt verbrand , de ingeademde rook onderwerpt de roker naar niveaus van straling 1000 keer hoger dan die ondervonden door een werknemer in een kerncentrale .

francium
Atoomnummer 87
Chemisch symbool : Fr
Groep I A The Alkali Metals

Francium is de zwaarste van de alkalimetalen en een van de meest bekende onstabiele . Al haar isotopen zijn radioactieve nog zelfs de langste levensduur isotoop francium - 223 heeft een halfwaardetijd van slechts 21 minuten . Van de 30 bekende isotopen , alleen francium 223 bestaat in de natuur . Alle andere isotopen van francium kunstmatig geproduceerd versnellers en kernreactoren te instabiel worden bestudeerd elke diepte . Het element werd ontdekt in 1939 door Marguerite Perey werkzaam bij het Curie Instituut in Parijs . Het is genoemd naar het land waar het werd ontdekt .

RADIUM
Atoomnummer 88
Chemisch symbool : Ra
Groep II A - De aardalkalimetalen

Radium werd ontdekt door Marie en Pierre Curie in 1898 . Voor de ontdekking van radium en polonium , werd Marie Curie de Nobelprijs in de chemie. Het was haar tweede , ze had gedeeld eerste met haar man en Henri Becquerel in 1903 voor de ontdekking van radioactiviteit.
Zuiver radium metaal heeft een schitterende witte kleur en is zo lichtgevende dat het gloeit in het donker af te geven een vage blauwe kleur . Radium wordt gebruikt in vele medische instellingen de radioactieve radon die wordt gebruikt voor kankertherapie genereren .

actinium
Atoomnummer 89
Chemisch symbool : Ac
Groep III B Transition Element (actiniden)

Actinium is een radioactief element natuurlijk door het radioactieve verval van de langlevende elementen radium en thorium . Zeer kleine hoeveelheden van het kunstmatig geproduceerd en heeft een zeer beperkte commerciële toepassing . De chemische eigenschappen lijken op die van lanthaan . Ook zoals lanthaan , het is de eerste in een reeks van elementen genaamd de actiniden , die analoog is aan lanthaniden zijn . Zoals de zeldzame aarden , deze elementen elektronen In een binnenste orbitale schaal en hebben bijgevolg soortgelijke fysische en chemische eigenschappen .

THORIUM
Atoomnummer 90
Chemisch symbool : Th
Groep IIIB Transition Element (actiniden)

Thorium is een radioactief zilverwit metaal dat tast heel langzaam bij blootstelling aan lucht. Monaziet zand sommige van die is gevonden in Florida stranden kan tot 10 % thorium bevatten . Ondanks de radioactiviteit , thorium en zijn verbindingen hebben verschillende commerciële toepassingen . Het dient als een efficiënte emitter van elektronen voor elektronische apparaten . De briljante licht dat haar oxide uitzendt terwijl verbranding maakt het ook nuttig zijn in het vervaardigen van bepaalde draagbare gaslampen . Thorium 232 , een isotoop met een halveringstijd van 14 miljard jaar toont grote belofte van steeds een bron van kernenergie in de toekomst .

Protactinium
Atoomnummer 91
Chemisch symbool : Pa
Groep III B Transition Element (actiniden)

Het is een van de schaarse en duurste van alle natuurlijk voorkomende elementen . Slechts een paar honderd gram zijn beschikbaar voor onderzoek . Deze schamele bedrag werd grotendeels geproduceerd in Engeland zo'n 30 jaar geleden , waar het werd gewonnen uit 60 ton erts voor een bedrag van een half miljoen dollar . Niet veel bekend over de fysische en chemische eigenschappen . Het is een zilverwit metaal met een lichte glans die het verliest heel langzaam in de lucht door oxidatie. Het is ook bekend als zeer giftig.

URANIUM
Atoomnummer 92
Chemisch symbool : U
Groep III B Transition Element (actiniden)

Uranium is de laatste en de zwaarste van de natuurlijk voorkomende elementen . Ontdekt in 1841 , was het de eerste radioactieve element worden geïdentificeerd . In de late jaren 1930 door middel van experimenten met uranium Duitse wetenschappers Lise Meitner en Otto Hahn waargenomen een proces dat later werd erkend om een kernsplijting zijn. Het vermogen van de neutronen die vrijkomen bij de splijting van de uraniumkern om zich te splitsen andere uraniumkernen werd al snel gebruikt door de wetenschappers om een zichzelf onderhoudende kettingreactie . Wanneer gecontroleerd , deze reactie produceert de energie die we krijgen van kernreactoren te creëren . Wanneer ongecontroleerd kan een atomaire explosie veroorzaken.

NEPTUNIUM
Atoomnummer 93
Chemisch symbool: Np
Groep III B Transition Element (actiniden)

Neptunium was de eerste kunstmatig geproduceerde Transuranium element. Werken bij de cyclotron aan de Universiteit van Californië in Berkeley in 1940, Amerikaanse natuurkundigen Edwin McMillan en Philip Abelson geproduceerd neptunium door het bombarderen van uranium met neutronen. Het is nu bekend dat sporen hoeveelheden neptunium d effectief bestaan in de natuur als gevolg van het optreden van neutronen in de uranium element. Momenteel 18 isotopen van neptunium zijn geproduceerd allemaal radioactive.The belangrijkste en de eerste die worden geproduceerd was neptunium 237 met een halfwaardetijd van 2,1 miljoen jaar.

PLUTONIUM
Atoomnummer 94
Chemisch symbool: Pu
Groep III B Transition Element (actiniden)

Plutonium heeft 15 bekende isotopen allemaal radioactief. Plutonium 239 is het belangrijk omdat het gemakkelijk splitsingen wanneer gebombardeerd door thermische neutronen. Zoals uranium 235, de kernen van de atomen in twee tussenliggende formaat kernen (zogenaamde splijtingsfragmenten) vrijgeven grote hoeveelheden energie en produceert meer neutronen een kettingreactie houden. Gemengd met gepoederde beryllium, het is een effectieve bron van neutronen voor wetenschappelijk werk. Plutonium kan in grote hoeveelheden worden geproduceerd in kernreactoren. De overvloed is het de nummer een keuze voor kernwapens gemaakt.

Americium
Atoomnummer 95
Chemisch symbool: Am
Groep III B Transition Element (actiniden)

Het werd ontdekt in 1944 door een team van chemici onder leiding van Glenn Seaborg.His team geproduceerd americium-241, een van de 14 bekende isotopen die allemaal radioactief. Americium 241 wordt gemaakt in grote hoeveelheden in kernreactoren. De intense gammastralen zendt maakt het zeer nuttig als een draagbare bron van röntgenstraling. Het wordt ook gebruikt in rookmelders.

KOURION
Atoomnummer 96
Chemisch symbool: Cm
Groep III B Transition Element (actiniden)

Curium is een zilverwit metaal dat is zeer reactief. De eerste van zijn 14 bekende isotopen om ontdekt te worden was Curium 242. Curium 242 en Curium 244 zijn gebruikt als bron van energie in afgelegen gebieden. De straling uitzenden deze isotopen kunnen worden omgezet in warmte en vervolgens in elektriciteit door thermo-elektrische inrichtingen. Hoewel het een relatief korte halfwaardetijd, het vermogen van curium 242 is indrukwekkend namelijk ongeveer twee tot drie watt per gram. Deze compacte units zijn bruikbaar voor pacemakers, remote navigatieboeien en ruimtemissies.

Berkelium
Atoomnummer; 97
Chemisch symbool: Bk
Groep III B Transition Element (actiniden)

Het werd ontdekt bij UC Berkeley in 1949 door een team bestaande uit George Seaborg, Stanley Thompson en Albert Ghiorso en is vernoemd naar de stad. Ze gesynthetiseerd met behulp van een cyclotron om een monster van americium 241 met alfadeeltjes bombarderen. Behulp berkelium 249, was het mogelijk in 1962 tot 3 miljardste van een gram berkelium chloride produceren. Geen commerciële of wetenschappelijke toepassingen zijn nog niet ontwikkeld.

Californium
Atoomnummer; 98
Chemisch symbool: Cf
Groep III B Transition Element (actiniden)

Het werd ontdekt door een team van chemici met een cyclotron te Curium 242 bombarderen met alfadeeltjes. De isotoop californium 252 vernoemd naar de staat Californië spontaan uitzendt neutronen. Neutronenbronnen zijn soms moeilijk te verkrijgen. Ofwel een kernreactor nodig is of sommige hoogradioactief emitter van alfa deeltjes zoals plutonium moet worden gemengd met beryllium poeder. De ontdekking van een uiterst draagbaar neutronenbron suggereert veel mogelijke toepassingen voor californium 252.It kan gemakkelijk in de velden voor de analyse van oliehoudende lagen van aarde of voor de winning van goud en zilver worden genomen.

Einsteinium
Atoomnummer 99
Chemisch symbool: Es
Groep III B Transition Element (actiniden)

Albert Ghiorso en zijn collega's ontdekten dit element in 1952, terwijl het onderzoek naar de brokstukken van waterstofbom explosie in de Pacific.16 isotopen bekend zijn, de meest stabiele wezen einsteinium 254 met een halfwaardetijd van 252 dagen. De meeste van deze isotopen in de Hoge Flux Reactor Isotopen in het Oak Ridge National Laboratory in Tennessee geproduceerd door bestraling van plutonium 239 met intense bundels van neutronen.

Fermium
Atomic nummer: 100
Chemisch symbool: Fm
Groep III B Transition Element (actiniden)

Net einsteinium, werd Fermium in 1952 geïdentificeerd door Ghiorso en medewerkers in het puin van de waterstofbom explosie in de Stille Oceaan. Isotopen van fermium vernoemd naar Enrico Fermi worden meestal gesynthetiseerd door het onderwerpen van elementen, zoals uranium en plutonium aan intense neutronenbombardement. In een neutron rijke omgeving, kan een element zoals uranium opeenvolgende neutronenvangst ondergaan vaak absorberen zo veel als 16-17 neutronen om de zware transuranen produceren.

Mendelevium
Atomic nummer: 101
Chemisch symbool: Md
Groep III B Transition Element (actiniden)

De negende kunstmatige Transuranium element vernoemd naar Dmitri Mendelejev
werd ontdekt in 1955 door een groep wetenschappers onder Albert Ghiorso.
Voortzetting van hun zoektocht naar steeds zwaardere elementen gebruikte het team
de cyclotron in Berkeley om einsteinium 253 bombarderen met alfadeeltjes
(heliumkernen) en uiteindelijk gefabriceerd mendelevium 256. De kleine hoeveelheden
maakte zijn identificatie erg moeilijk. Er wordt vaak gezegd dat dit element werd
gesynthetiseerd een atoom tegelijk. Slechts sporen van mendelevium isotopen zijn
gemaakt en er is weinig bekend van hun chemie.

Nobelium
Atomic nummer: 102
Chemisch symbool: Nee
Groep III B Transition Element (actiniden)

Bij het creëren van nobelium 254, Ghiorso en zijn collega's gebombardeerd een
steekproef van Curium 246 met carbon 12 ionen met behulp van de Heavy Ion Linear
Accelerator. 11 isotopen dusver gesynthetiseerd en al zijn radioactief. Nobelium 259 is
het langst levende met een halfwaardetijd van 57 minuten. Genoemd naar Alfred Nobel,
is geproduceerd in hoeveelheden die groot genoeg zijn om de studie van de chemische
en fysische eigenschappen kan.

Lawrencium
Atomic nummer: 103
Chemisch symbool: Lr
Groep III B (actiniden)

Voortzetting van hun verbazingwekkende reeks van ontdekkingen, de Berkeley
wetenschappers gesynthetiseerd en geïsoleerd lawrencium in 1961 door het
bombarderen van een mengsel van 3 isotopen van californium met borium 10, borium
11 ionen met behulp van Heavy Ion Linear Accelerator. Het doel woog slechts een paar
miljoenste van een gram maar het team wist te produceren lawrencium 258 met een
halfwaardetijd van 4 seconden. Het werd genoemd ter ere van Ernest O.Lawrence, de
uitvinder van het cyclotron.

Rutherfordium
Atomic nummer: 104
Chemisch symbool: Rf
Groep IV B A Transactinide

Een geschiedenis van concurrerende claims verwarde de naamgeving van element 104. Het team van Berkeley en een groep uit Rusland opgeëist voor element 104. De Amerikaanse vordering won de dag. Het is vernoemd naar de Nieuw-Zeelander Ernest Rutherford!

Dubnium
Atomic nummer: 105
Chemisch symbool: Db
Groep VB A Transactinide.

Betwiste vorderingen van haar ontdekking hebben geteisterd element 105. In 1970 Ghiorso en zijn team in Berkeley gebombardeerd californium 249 met zware stikstof 15 ionen en positief geïdentificeerd het element dat zij vernoemd naar Otto Hahn en verkregen goedkeuring van de American Chemical Society. Echter in 1997 de IUPAC besloten t veranderen de naam in Dubnium. De chemische en fysische eigenschappen zijn onbekend.

Seaborgium
Atomic nummer: 106
Chemisch symbool: Sg
Groep VI B A Transactinide

Net als de andere twee betwiste elementen, de vordering van de ontdekking van element 106, samen met het recht om het te noemen was een onderwerp van geschil. In 1974, een Russische team verklaard dat zij unnilhexium had geproduceerd. Omdat experimenten niet aan hun resultaat te bevestigen, hun vordering was in twijfel. Ongeveer dezelfde tijd, wetenschappers van Berkeley meldde de ontdekking van unnilhexium 263 na het bombarderen van californium 249 met zuurstof 18. In 1993 hebben wetenschappers van het Lawrence Livermore en Berkeley Laboratories herhaalden het experiment en bevestigde het resultaat. Het werd genoemd ter ere van Glenn Seaborg.

Bohrium
Atomic nummer: 107
Chemisch symbool: Bh
Groep VII B A Transactinide

In 1981, het creëren van unnilseptium werd aangekondigd door fysici werken in Darmstadt, Duitsland in de GSI. Het team stelde de naam nielsbohrium na Neils Bohr. Hun onderzoek vorderingen werden in 1992 bevestigd door de IUPAC. In 1997 veranderden ze de naam in bohrium.

Hassium
Atomic nummer: 108
Chemisch symbool: Hs
Groep VIII B A Transactinide

In 1984 een team onder leiding van Peter Ambruster en Gottfried Munzenberg kondigde de ontdekking van unniloctium, element 108. Dit was hetzelfde team dat bohrium had gesynthetiseerd. De naam die ze voorgesteld was hassium na haasia de Latijnse naam voor de Duitse deelstaat Hessen. In 1992 bevestigde de IUPAC de bevindingen en de naam. De chemische en fysische eigenschappen zijn onbekend.

Meitnerium
Atomic nummer: 109
Chemisch symbool: Mt
Groep VIII B A Transactinide

In 1982, het Darmstadt team kondigde de ontdekking van element 109 door het bombarderen van bismut 209 met een hoge energie-ijzer 58 ionen. Hoe ongelooflijk het ook mag lijken slechts 3 atomen zijn gemaakt en ze vervallen in een kwestie van 3,4 duizendste van een seconde. Zij stelden voor om het te vernoemen Lise Meitner die vuist had beschreven kernsplijting samen met Otto Hahn.

UNUNNILIUM
Atomic nummer: 110
Chemisch symbool; Uun
Groep VIII B A Transactinide

Na bijna 10 jaar internationale wetenschappers werkzaam bij GSI in Duitsland met succes vier of vijf atomen van een nieuw element 110. Met behulp van een grote versneller om nikkelatomen rijden naar hoge snelheden ze gebombardeerd een dunne folie van lood met deze snel bewegende atomen van nikkel. Het nieuwe element breekt snel uit elkaar en vervalt in lichtere atomen. Het werd ontdekt door de 4 alfadeeltjes zendt tijdens het verval proces.

UNUNUNIUM
Atomic nummer: 111
Chemisch symbool: Uuu
Groep IB A Transactinide

De chemische eigenschappen van het element 111 zijn niet bekend. Zoals ligt in dezelfde kolom als goud en zilver is vermoedelijk een metaal. Na een versnelling nikkelatomen te hoge snelheden Duitse onderzoekers gebombardeerd bismut met deze snel bewegende nikkelatomen. De identificatie van dit element is belangrijk omdat het ondersteunt de theorie dat er een "eiland stabiliteit" naar elementen dichtbij element 114. Het element heeft een halfwaardetijd ongeveer 8 keer die van ununnilium.

UNUNBIIUM
Atomic nummer: 112
Chemisch symbool: Uub
Groep II B A Transactinide

Op februari 9,1996 GSI in Duitsland de oprichting aangekondigd van element 112 alle eer aan het internationale team onder Peter Ambruster. Ze hadden zinkatomen die waren versneld tot hoge snelheden met snel bewegende kogels van lood gebombardeerd. Tijdens de botsing geslaagd een zinkatoom te fuseren met het lood atoom.

Ununquadium
Atomic nummer: 114
Chemisch symbool: Uuq
Groep IB A Transcatinide

In 1999 werd een team van wetenschappers van het Joint Institute for Nuclear Research in Rusland de oprichting aangekondigd van een nieuwe ultra-heavy metal. Het team maakte gebruik van een cyclotron om plutonium 244 bombarderen met een straal van calcium 48 kernen. Na ongeveer 40 dagen van bombardementen, een calicium kern met 20 protonen gefuseerd met plutonium kern met 94 protonen produceren van een element met 114 protonen. Hoewel onstabiele het overleefde een relatief lange tijd.

De vastberadenheid om verborgen antwoorden van de natuur te vinden is niet afgenomen. De zoektocht blijft voor de steeds voortdurende zoektocht naar nieuwe superzware elementen. De drijvende kracht achter deze inspanning is de zoektocht naar kennis die een rijke nieuwe vakgebied van de nucleaire en chemische eigenschappen van de elementen zal initiëren.

Er is ook een meer utilitaire motivatie voor het zoeken van de elementen die deel uitmaken van het eiland stabiliteit. Veel wetenschappers geloven bijvoorbeeld dat deze nieuwe elementen ongebruikelijke materialen zal vormen met exotische eigenschappen nooit eerder gezien. De antwoorden worden gezocht in deze inspanning zijn van fundamenteel belang voor ons begrip van het universum.